Sitzungsberichte

der

Heidelberger Akademie der Wissenschaften

Stiftung Heinrich Lanz

Mathematisch-naturwissenschaftliche Klasse

*) *Jahrgang 1921 erschien im Verlage von Carl Winters Universitätsbuchhandlung in Heidelberg.*

Im Verlag von Walter de Gruyter & Co. vormals G. J. Göschen'sche Verlagshandlung — J. Guttentag, Verlagsbuchhandlung — Georg Reimer — Karl J. Trübner — Veit & Comp., Berlin erschienen:

Abteilung A. Mathematisch-physikalische Wissenschaften.

Jahrgang 1922.

1. Perron, Oskar. Neue Summationsmethoden und Entwicklungen nach Polynomen. Reichsmark 0·30
2. Perron, Oskar. Über transzendente Funktionen auf Riemannschen Flächen. Reichsmark 0·60
3. Baldus, Richard. Über die singulären Punkte reeller Parameterkurven. Reichsmark 0·50

Jahrgang 1923.

1. Deecke, W. Mitteleuropäische Meeresströmungen der Vorzeit. Reichsmark 0·60
2. Liebmann, Heinrich. Die Lie'sche Cyklide und die Inversionskrümmung. Reichsmark 0·40
3. Perron, Oskar. Über Gleichungen ohne Affekt. Reichsmark 0·40
4. Liebmann, Heinrich. Beiträge zur Inversionsgeometrie III. Reichsmark 0·40
5. Kratzert, J. Beitrag zur Kenntnis des Andesins von Bodenmais. Reichsmark 0·50

Jahrgang 1924.

1. Th. Curtius und A. Bertho. Einwirkung von Stickstoffkohlenoxyd und von Stickwasserstoffsäure unter Druck auf aromatische Kohlenwasserstoffe. Reichsmark 0·50
2. Liebmann, Heinrich. Umkehrung des Variationsproblems der ebenen Affingeometrie. Reichsmark 0·60
3. Salomon, Wilhelm. Die Intensitäten alluvialer und diluvialer geologischer Vorgänge und ihre Einwirkung auf die pliocäne Rumpffläche des Kraichgaues und Odenwaldes. Reichsmark 1·20
4. Heffter, L. Zur absoluten Geometrie. Reichsmark 0·60
5. van Werveke, L. Über die Entstehung der lothringischen Lehme und des mittelrheinischen Lößes. Reichsmark 1·50
6. Krull, Wolfgang. Die verschiedenen Arten der Hauptidealringe. Reichsmark 0·50
7. Roeser, Ernst. Übergang von der nichteuklidischen Streckentrigonometrie zur Winkelmessung. Reichsmark 0·30
8. Wellstein, Julius. Zur Differentialgeometrie der isotropen Kurven. Reichsmark 1·50
9. Ewald Rudolf. Die geodynamischen Erscheinungen des krystallinen Odenwaldes als Beispiel einer geoisostatischen Ausgleichsschwingung. Reichsmark 1·50
10. Voelcker, Ilse. Über eine ganz junge Verwerfung bei Rauenberg im Kraichgau. Reichsmark 0·30
11. Liebmann, Heinrich. Die Aufschließung von Differentialinvarianten. Reichsmark 0·50

(Fortsetzung siehe 3. Umschlagsseite.)

*) Bestellungen auf solche Veröffentlichungen der math.-naturw. Klasse, welche früher im Verlag von Carl Winters Universitätsbuchhandlung in Heidelberg erschienen sind, nimmt auch der Verlag Walter de Gruyter & Co., Berlin, entgegen.

Sitzungsberichte
der Heidelberger Akademie der Wissenschaften
Mathematisch-naturwissenschaftliche Klasse
Jahrgang 1928. 7. Abhandlung.

Primidealketten in allgemeinen Ringbereichen

Von
Wolfgang Krull
in Freiburg i. Br.

Eingegangen am 22. Mai 1928

Vorgelegt von Herrn Alfred Loewy
in Freiburg i. Br.

Berlin und Leipzig 1928

Walter de Gruyter & Co.

vormals G. J. Göschen'sche Verlagshandlung / J. Guttentag, Verlagsbuchhandlung / Georg Reimer / Karl J. Trübner / Veit & Comp.

Primidealketten in allgemeinen Ringbereichen.

Die vorliegende Note beschäftigt sich mit abstrakten kommutativen Ringen mit Einheitselement, in denen jede Idealteilerkette im Endlichen abbricht. Die Hauptsätze der allgemeinen Idealtheorie[1]) sind, soweit sie benötigt werden, in § 1 kurz zusammengestellt. Zweck der Untersuchung ist die Übertragung gewisser von den Polynomringen[2]) her bekannter Sätze auf allgemeine Bereiche. Verstehen wir unter einer Primidealvielfachenkette eine Kette $\mathfrak{p}_1, \mathfrak{p}_2, \mathfrak{p}_3, \ldots\ldots$ bei der das Primideal $\mathfrak{p}_{i+1}$ jeweils ein echtes Vielfaches des Primideals $\mathfrak{p}_i$ darstellt, $(i = 1, 2 \ldots)$, so gelten im Ring $\mathfrak{P}$ der Polynome in $x_1, x_2, \ldots, x_n$ mit Koeffizienten aus einem Körper $\mathfrak{K}$ die Sätze:

1. Die Gliederzahl der mit einem festen vom Einheitsideal $\mathfrak{o}$ verschiedenen Primideal $\mathfrak{p}$ beginnenden Primidealvielfachenketten ist beschränkt.

2. Sind $\mathfrak{p}$ und $\mathfrak{p}'$ feste Primideale und ist dabei $\mathfrak{p}$ ein von $\mathfrak{o}$ verschiedener echter Teiler von $\mathfrak{p}'$, so besitzen die sämtlichen „geschlossenen" Primidealvielfachenketten $\mathfrak{p}, \mathfrak{p}_1, \mathfrak{p}_2, \ldots\ldots, \mathfrak{p}'$, die nicht durch Einschieben eines Mittelglieds vergrößert werden können, die gleiche Gliederzahl.

3. Die Behauptungen 1 und 2 gelten auch dann, wenn das Anfangsprimideal $\mathfrak{p}$ das Einheitsideal darstellt.

In § 4 wird nun gezeigt, daß der Satz 1 für allgemeine Ringe des im Einleitungssatze gekennzeichneten Typus zutrifft. Die Gültigkeit

---

[1]) Über allgemeine Idealtheorie vgl. die folgende Literatur:

1. E. Noether: Idealtheorie in Ringbereichen. Math. Annal. 83 (1921) S. 23—66. Zitiert mit „N".
2. H. Grell: Beziehungen zwischen den Idealen verschiedener Ringe. Math. Annal. 97 (1926) S. 490—523. Zitiert mit „G".
3. W. Krull: Zur Theorie der zweiseitigen Ideale in nichtkommutativen Bereichen. Math. Zeitschrift 28 (1928) S. 481—503. Zitiert mit „K".

[2]) Zu den in der Note benutzten Sätzen über Polynomringe vgl.: B. L. v. d. Waerden: Zur Nullstellentheorie der Polynomideale. Math. Annal. 96 (1926) S. 183—208. Zitiert mit „v. d. W." Die in der Einleitung angeführten Sätze über Primidealketten in Polynomringen können aus v. d. W. § 3 herausgelesen werden.

von Satz 2 vermute ich gleichfalls, ohne sie aber bisher beweisen zu können. Satz 3 dagegen braucht im allgemeinen Fall nicht immer richtig zu sein.[1]) Das gewonnene Ergebnis ist nicht nur an sich bemerkenswert, sondern auch durch einige zu seiner Herleitung nötige Hilfssätze, die selbständiges Interesse bieten dürften. Zunächst handelt es sich (in § 2) um eine Verallgemeinerung des bekannten Satzes, daß in einem Ring ohne Nullteiler die Idealgleichung $\mathfrak{a}^2 = \mathfrak{a}$ nur durch das Einheitsideal und das Nullideal befriedigt wird. Daraus ergibt sich dann weiter (gleichfalls in § 2) der Satz, daß in einem „primären"[2]) Ring das kleinste gemeinschaftliche Vielfache der sämtlichen zu einem festen vom Einheitsideal $\mathfrak{o}$ verschiedenen Primideal $\mathfrak{p}$ gehörigen Primärideale gleich dem Nullideal ist, eine Tatsache, die in der Anwendung auf den Polynomring $\mathfrak{P}$ einen einfachen Beweis einer Lasker-Macaulayschen Verallgemeinerung des Noetherschen Fundamentalsatzes[3]) liefert (§ 4).

Schließlich ist noch folgende (in § 3 bewiesene) Tatsache hervorzuheben, die den entscheidenden Schritt auf dem Wege zum Beweis des Primidealvielfachenkettensatzes darstellt: Ist $\mathfrak{R}$ ein Ring ohne Nullteiler, $\mathfrak{h}$ ein vom Null- und Einheitsideal verschiedenes Hauptideal, $\mathfrak{p}$ ein Primideal, das Teiler von $\mathfrak{h}$ ist, aber kein echtes Primidealvielfaches mit der gleichen Eigenschaft besitzt, so gibt es in $\mathfrak{R}$ außer dem Nullideal überhaupt kein echtes Primidealvielfaches von $\mathfrak{p}$.

Die Anwendung dieses Satzes auf Polynomringe $\mathfrak{P}$ liefert: Es sei $\mathfrak{p}$ ein Primideal aus $\mathfrak{P}$ von der „Dimension" m[4]), p irgendein durch $\mathfrak{p}$ unteilbares Polynom. Dann besitzt jede isolierte Primärkomponente

---

[1]) Man betrachte z. B. das folgende, von v. d. Waerden angegebene Beispiel: Es sei $\mathfrak{R}$ der Ring aller derjenigen rationalen Funktionen in x und y mit rationalen Zahlkoeffizienten, bei denen bei gekürzter Darstellung der Nenner ein von 0 verschiedenes, von den Variabeln freies Glied enthält und außerdem durch x—1 unteilbar ist. Dann gilt in $\mathfrak{R}$ der Teilerkettensatz und es sind die Ketten $\mathfrak{o}$, $\mathfrak{p}_1 = (x-1)$, $\mathfrak{p}_2 = \mathfrak{n}$; $\mathfrak{o}$, $\mathfrak{p}_1 = (x, y)$, $\mathfrak{p}_2 = (x)$, $\mathfrak{p}_3 = \mathfrak{n}$ zwei Primidealvielfachenketten, die gleiche Anfangs- und Endglieder haben, durch Einschiebung von Zwischengliedern nicht mehr verlängert werden können, aber gleichwohl verschiedene Gliederzahl besitzen. Es verliert also mindestens Satz 2 sicher seine Allgemeingültigkeit, wenn man die Forderung, daß das Anfangsglied von $\mathfrak{o}$ verschieden sein muß, aufgibt.

[2]) Zur Definition der primären Ringe vgl. § 1. Zur Verallgemeinerung des Satzes auf bel. Ringe vgl. § 2 Satz 3.

[3]) Den Hinweis auf die Möglichkeit dieses Beweises verdanke ich v. d. WAERDEN. Über das Theorem selbst vgl. v. d. W. S. 205, sowie E. LASKER: Zur Theorie der Moduln und Ideale. Math. Annal. 60 (1905) S. 95 und F. S. MACAULAY: Modular Systems. Cambridge Tracts 19 (1916) S. 61.

[4]) Zur Definition der Dimension eines Primideals bzw. Primärideals vgl. v. d. W. § 3. 5 bzw. v. d. W. § 5. 1.

des Ideals ($\mathfrak{p}$, p) genau die Dimension m—1. Ein ganz entsprechender Satz für Potenzreihenbereiche, der von O. Blumenthal[1]) bewiesen wurde, dürfte gleichfalls als Spezialfall aus unserm Hauptidealsatz folgen.

Die Untersuchungen dieser Note stellen also nicht nur eine Verallgemeinerung vom konkreten Sonder- auf den abstrakten allgemeinen Fall dar, sondern sie liefern gleichzeitig Methoden, die geeignet sind, das Studium eben jenes Sonderfalls (des Polynomrings) weiter zu fördern.

§ 1.
Vorbemerkungen.

Den Untersuchungen liegt ein kommutativer Ring $\mathfrak{R}$ mit Einheitselement ε zugrunde, der die Eigenschaft hat, daß im Bereich seiner Ideale jede Kette von echten Teilern im Endlichen abbricht. Elemente werden mit kleinen lateinischen oder griechischen, Ideale mit kleinen deutschen Buchstaben bezeichnet; $\mathfrak{o}$ bedeutet das Einheits-, $\mathfrak{n}$ das Nullideal. Unter „Ideal" schlechtweg verstehen wir stets ein Ideal $\neq \mathfrak{o}$. Für den größten gemeinschaftlichen Teiler, das kleinste gemeinschaftliche Vielfache, den Quotienten, das Restklassensystem verwenden wir die bzw. Schreibweisen: $\mathfrak{a} + \mathfrak{b}$; $\mathfrak{a} \frown \mathfrak{b}$; $\mathfrak{a} : \mathfrak{b}$; $\mathfrak{R} / \mathfrak{m}$, $\mathfrak{a} / \mathfrak{m}$[2]). $\alpha \equiv \beta$ ($\mathfrak{a}$) bedeutet die Teilbarkeit von $\alpha—\beta$ durch $\mathfrak{a}$. Ist $\mathfrak{a}$ Vielfaches von $\mathfrak{b}$, so schreiben wir $\mathfrak{a} \geqq \mathfrak{b}$, $\mathfrak{b} \leqq \mathfrak{a}$; das Gleichheitszeichen wird nur dann weggelassen, wenn $\mathfrak{a}$ und $\mathfrak{b}$ sicher verschieden sind. Das Ideal $\mathfrak{b}$ heißt zu $\mathfrak{a}$ prim, wenn die Gleichung $\mathfrak{a} : \mathfrak{b} = \mathfrak{a}$ gilt; das Element β wird zu $\mathfrak{a}$ prim genannt, wenn das Hauptideal (β) zu $\mathfrak{a}$ prim ist. In § 2 benutzen wir den Satz, daß jedes zu $\mathfrak{a}$ prime Ideal mindestens ein zu $\mathfrak{a}$ primes Element enthält.[3]) Ein Ideal $\mathfrak{p}$ heißt Primideal, wenn jedes durch $\mathfrak{p}$ unteilbare Ideal zu $\mathfrak{p}$ prim ist, d. h. wenn ein Produkt zweier Ideale nur dann durch $\mathfrak{p}$ teilbar ist, wenn mindestens ein Faktor durch $\mathfrak{p}$ teilbar ist. Ein Ideal $\mathfrak{q}$ wird Primärideal genannt, wenn ein Produkt zweier Ideale nur dann durch $\mathfrak{q}$ teilbar ist, wenn das gleiche von

[1]) O. Blumenthal: Zum Eliminationsproblem bei analytischen Funktionen mehrerer Veränderlicher. Math. Annal. 57 (1903) § 8. S. 966f. Um nachzuweisen, daß der dort formulierte Satz tatsächlich eine Folge des Hauptidealsatzes ist, hat man zu zeigen, daß auch bei den Potenzreihenringen die irreduzibeln Mannigfaltigkeiten den Primidealen entsprechen, eine Tatsache, von der mir kein ausgeführter Beweis bekannt ist.

[2]) Die Schreibweise $\mathfrak{a}/\mathfrak{m}$ wird nur dann benutzt, wenn $\mathfrak{m}$ durch $\mathfrak{a}$ teilbar ist, wenn also $\mathfrak{a}/\mathfrak{m}$ genau so definiert werden kann wie $\mathfrak{R}/\mathfrak{m}$.

[3]) Die Beh. kann leicht aus dem weiter unten angeführten Hilfssatz c) abgeleitet werden. Ist $\mathfrak{b}$ durch keines der endlich vielen zu $\mathfrak{a}$ gehörigen Primideale teilbar, so kann man stets auch ein einzelnes Element β in $\mathfrak{b}$ finden, das durch keines jener Primideale teilbar ist. (Zur Konstruktion eines solchen Elements vgl. S. 10 Anm. 2.)

einem Faktor oder von einer endlichen Potenz jedes Faktors gilt. Ringe, in denen das Nullideal Primärideal ist, bezeichnen wir als primäre Ringe. Unter einem Integritätsbereich verstehen wir einen Ring, in dem das Nullideal Primideal ist, in dem also keine Nullteiler auftreten.

Ein Integritätsbereich $\mathfrak{R}$ kann stets durch formale Quotientenbildung (nach dem Vorbild der Konstruktion der rationalen Zahlen aus den ganzen) zu einem Quotientenkörper $\mathfrak{K}$ erweitert werden. Ist $\mathfrak{p}$ ein Primideal ($\neq \mathfrak{n}$) aus $\mathfrak{R}$, so bildet die Gesamtheit derjenigen Elemente aus $\mathfrak{K}$, die sich als Quotienten von Elementen aus $\mathfrak{R}$ mit durch $\mathfrak{p}$ unteilbarem Nenner schreiben lassen, einen zwischen $\mathfrak{R}$ und $\mathfrak{K}$ liegenden Integritätsbereich, für den wir die Schreibweise $\mathfrak{R}\mathfrak{p}$ benutzen. Unter dem Erweiterungsideal des Ideals $\mathfrak{a}$ aus $\mathfrak{R}$ verstehen wir das Ideal $\mathfrak{a} \cdot \mathfrak{R}\mathfrak{p}$ aus $\mathfrak{R}\mathfrak{p}$, also die Gesamtheit der Elemente $\sum_{i=1}^{m} a_i \cdot \alpha_i$, ($a_i$ *bel.* aus $\mathfrak{a}$, α_i *bel.* aus $\mathfrak{R}\mathfrak{p}$); als Verengungsideal des Ideals $\bar{\mathfrak{a}}$ aus $\mathfrak{R}\mathfrak{p}$ definieren wir das Ideal $\bar{\mathfrak{a}} \frown \mathfrak{R}$ aus $\mathfrak{R}$. Jedes Ideal aus $\mathfrak{R}\mathfrak{p}$ ist Erweiterungsideal seines Verengungsideals.[1]) Das Erweiterungsideal von $\mathfrak{p}$, $\mathfrak{p} \cdot \mathfrak{R}\mathfrak{p}$ ist in $\mathfrak{R}\mathfrak{p}$ größter gemeinschaftlicher Teiler aller vom Einheitsideal verschiedenen Ideale. Ferner verifiziert man aus der Definition von $\mathfrak{R}\mathfrak{p}$ leicht die folgenden Tatsachen:

Das Ideal $\bar{\mathfrak{p}}$ aus $\mathfrak{R}\mathfrak{p}$ ist dann und nur dann Primideal, wenn sein Verengungsideal $\bar{\mathfrak{p}} \frown \mathfrak{R}$ durch $\mathfrak{p}$ teilbares Primideal in $\mathfrak{R}$ ist. Sind $\mathfrak{p}_1$ und $\mathfrak{p}_2$ durch $\mathfrak{p}$ teilbare Primideale aus $\mathfrak{R}$, so ist $\mathfrak{p}_1 \cdot \mathfrak{R}\mathfrak{p}$ dann und nur dann durch $\mathfrak{p}_2 \cdot \mathfrak{R}\mathfrak{p}$ teilbar, wenn $\mathfrak{p}_1$ durch $\mathfrak{p}_2$ teilbar ist. Man kann also anstatt die Teilbarkeitsverhältnisse der durch $\mathfrak{p}$ teilbaren Primideale in $\mathfrak{R}$ zu untersuchen, auch die Teilbarkeitsverhältnisse der sämtlichen Primideale in $\mathfrak{R}\mathfrak{p}$ studieren.

Es seien schließlich noch einige im folgenden benutzte Hilfssätze über Primär- und Primideale zusammengestellt.[2])

Hilfssatz a): Der größte gemeinschaftliche Teiler aller der Ideale, die zu einem gegebenen Primärideal $\mathfrak{q}$ nicht prim sind, ist ein Primideal $\mathfrak{p}$, das „zu $\mathfrak{q}$ gehörige Primideal". Eine Potenz des zu $\mathfrak{q}$ gehörigen Primideals ist durch $\mathfrak{q}$ teilbar.

Hilfssatz b): Jedes Ideal $\mathfrak{a}$ läßt sich als kleinstes gemeinschaftliches Vielfaches von endlich vielen, zu verschiedenen Primidealen gehörigen Primäridealen darstellen. Ist die Darstellung eine „kürzeste",

---

[1]) Die $\mathfrak{R}\mathfrak{p}$ sind „Quotientenringe" im Sinne von G. § 6. Daraus kann die Beh., sowie auch die weiteren Beh. über den Zusammenhang der Primideale von $\mathfrak{R}$ und $\mathfrak{R}\mathfrak{p}$ abgeleitet werden. Vgl. G., besonders § 4 u. § 6!

[2]) Zu den angeführten Hilfssätzen vgl. N., sowie die andersartige Einführung der zugehörigen Primideale und isolierten Komponentenideale in K. § 2—4.

d. h. ist keine Primärkomponente überflüssig, so ist die Gesamtschar S der zu den einzelnen Primäridealen gehörigen Primideale durch $\mathfrak{a}$ allein eindeutig bestimmt. Die Primideale der Schar S werden als „die zu $\mathfrak{a}$ gehörigen Primideale" bezeichnet.

Hilfssatz c): Das Ideal $\mathfrak{b}$ ist dann und nur dann zu $\mathfrak{a}$ prim, wenn kein zu $\mathfrak{b}$ gehöriges Primideal durch ein zu $\mathfrak{a}$ gehöriges teilbar ist.

Hilfssatz d)[1]): Es sei S_1 eine Teilschar von der Gesamtschar S der zu $\mathfrak{a}$ gehörigen Primideale, die gleichzeitig mit $\mathfrak{p}$ auch jedes in S vorkommende Vielfache von $\mathfrak{p}$ enthält. Ist dann $\mathfrak{a} = \mathfrak{q}_1 \frown \mathfrak{q}_2 \frown \cdot \ldots \cdot \frown \mathfrak{q}_n$ irgendeine Darstellung von $\mathfrak{a}$ durch Primärkomponenten und sind etwa $\mathfrak{q}_1, \mathfrak{q}_2, \ldots \mathfrak{q}_m$ $(m \leqq n)$ gerade diejenigen unter den $\mathfrak{q}_i$, deren zugehörige Primideale der Schar S_1 angehören, so ist $\mathfrak{q}_1 \frown \mathfrak{q}_2 \frown \ldots \frown \mathfrak{q}_m$ gleich einem festen, nur von $\mathfrak{a}$ und der Schar S_1 abhängigen Ideal $\mathfrak{a}_{S_1}$. Das Ideal $\mathfrak{a}_{S_1}$, dessen zugehörige Primideale gerade durch die Individuen der Schar S_1 dargestellt werden, heißt „isoliertes Komponentenideal von $\mathfrak{a}$". Insbesondere entspricht jedem Primideal $\mathfrak{p}$ aus der Gesamtschar S, zu dem es in S kein echtes Vielfaches gibt, eine (zu $\mathfrak{p}$ gehörige) „isolierte" Primärkomponente von $\mathfrak{a}$.

Hilfssatz e)[2]): Bedeutet $\mathfrak{q}$ ein Primärideal, dessen zugehöriges Primideal keinen von $\mathfrak{o}$ verschiedenen echten Teiler besitzt, so bricht in $\mathfrak{R}/\mathfrak{q}$ nicht nur jede echte Teilerkette, sondern auch jede echte Vielfachenkette im Endlichen ab.

§ 2.

Sätze über Produkte und Potenzen in primären Ringen.

Satz 1. In einem primären Ring $\mathfrak{R}$ folgt aus der Gültigkeit der Gleichungen $\mathfrak{m} \cdot \mathfrak{a} \doteq \mathfrak{m} \cdot \mathfrak{b}$; $\mathfrak{a} : \mathfrak{b} = \mathfrak{a}$ stets $\mathfrak{m} = \mathfrak{n}$.

Es sei $(m_1, m_2, \ldots . m_s)$ eine (nach dem Teilerkettensatz vorhandene) endliche Basis von $\mathfrak{m}$, β sei ein zu $\mathfrak{a}$ primes Element aus $\mathfrak{b}$. Dann muß zunächst β zum Nullideal $\mathfrak{n}$ prim sein, denn andernfalls hätten wir (für großes ϱ) $\beta^\varrho = 0 \equiv 0\ (\mathfrak{a})$ und daraus folgte $\mathfrak{a} : (\beta^\varrho) = \mathfrak{o} < \mathfrak{a}$; $\mathfrak{a} : (\beta) < \mathfrak{a}$ entgegen der Wahl von β. Aus der Beziehung $(\beta) \cdot \mathfrak{m} \geqq \mathfrak{a} \cdot \mathfrak{m}$ ergibt sich ein Gleichungssystem

$$\sum_{\varkappa=1}^{s} (a_{i\varkappa} - \beta \cdot \delta_{i\varkappa}) \cdot m_\varkappa = 0 \quad (i = 1, 2 \ldots s) \tag{1}$$

bei dem die $a_{i\varkappa}$ Elemente aus $\mathfrak{a}$ sind, während $\delta_{i\varkappa} = \begin{cases} \varepsilon & (i = \varkappa) \\ o & (i \neq \varkappa) \end{cases}$ das

[1]) Hilfssatz d) wird nur für die ohne Beweis angegebenen Sätze 3 und 4 von § 2 benötigt!

[2]) Der Beweis kann z. B. aus KRULL: Theorie und Anwendung der verallgemeinerten Abelschen Gruppen (diese Sitz.-Ber. 1926, 1. Abh.) § 4 herauspräpariert werden.

Kroneckersche Symbol bedeutet. Die Determinante $\delta = |a_{i\varkappa} - \beta \cdot \delta_{i\varkappa}|$ genügt der Kongruenz $\delta \equiv \beta^s$ $(\mathfrak{a})$ und ist daher ebenso wie β zu $\mathfrak{a}$ und damit auch zu $\mathfrak{n}$ prim. Aus (1) folgt aber $(\delta) \cdot \mathfrak{m} = (\delta) \cdot (\mathfrak{m}_1, \mathfrak{m}_2, \ldots, \mathfrak{m}_s) = \mathfrak{n}$, es muß mithin $\mathfrak{m} = \mathfrak{n}$ sein.

Die r^{te} Potenz eines Primideals $\mathfrak{p}$ ist durch $\mathfrak{p}$, aber durch kein echtes Primidealvielfaches von $\mathfrak{p}$ teilbar. $\mathfrak{p}^r$ besitzt daher eine zu $\mathfrak{p}$ gehörige isolierte Primärkomponente, die als „symbolische r^{te} Potenz von $\mathfrak{p}$" oder mit $\mathfrak{p}^{(r)}$ bezeichnet werden soll. Ist $\mathfrak{q}$ ein bel. zu $\mathfrak{p}$ gehöriges Primärideal und ist $\mathfrak{p}^r \geqq \mathfrak{q}$, so ist auch $\mathfrak{p}^{(r)} \geqq \mathfrak{q}$; das kleinste gemeinschaftliche Vielfache der sämtlichen symbolischen Potenzen von $\mathfrak{p}$ ist daher gleich dem kleinsten gemeinschaftlichen Vielfachen aller zu $\mathfrak{p}$ gehöriger Primärideale.

Satz 2. *In einem primären Ring ist das kleinste gemeinschaftliche Vielfache $\mathfrak{m}$ aller symbolischen Potenzen von $\mathfrak{p}$ gleich dem Nullideal.*

Wir fassen in je einer Darstellung von $\mathfrak{m}$ und $\mathfrak{m} \cdot \mathfrak{p}$ durch Primärideale diejenigen Komponenten zusammen, deren zugehörige Primideale echte Vielfache von $\mathfrak{p}$ sind und ebenso diejenigen Komponenten, deren zugehörige Primideale durch $\mathfrak{p}$ unteilbar sind; wir kommen so zu zwei Gleichungen $\mathfrak{m} = \mathfrak{a}_1 \frown \mathfrak{q}_1 \frown \mathfrak{c}_1$; $\mathfrak{m} \cdot \mathfrak{p} = \mathfrak{a}_2 \frown \mathfrak{q}_2 \frown \mathfrak{c}_2$, bei denen zu $\mathfrak{a}_i$ nur echte Primidealvielfache von $\mathfrak{p}$, zu $\mathfrak{c}_i$ nur durch $\mathfrak{p}$ unteilbare Primideale gehören, während die $\mathfrak{q}_i$ zu $\mathfrak{p}$ gehörige Primärideale bedeuten $(i = 1, 2)$. (Eventuell sind in einer oder beiden Gleichungen ein oder zwei Komponenten durch das Einheitsideal zu ersetzen). Nach § 1, Hilfssatz c) ist: $\mathfrak{a}_i : (\mathfrak{q}_\varkappa \frown \mathfrak{c}_\varkappa) = \mathfrak{a}_i$; $\mathfrak{a}_i : \mathfrak{p} = \mathfrak{a}_i$, $\mathfrak{p} : \mathfrak{c}_\varkappa = \mathfrak{p}$ $(i, \varkappa = 1, 2)$. Andrerseits haben wir $\mathfrak{a}_1 \cdot (\mathfrak{q}_2 \frown \mathfrak{c}_2) \cdot \mathfrak{p} \geqq \mathfrak{m} \cdot \mathfrak{p} \geqq \mathfrak{a}_2$; $\mathfrak{a}_2 \cdot (\mathfrak{q}_1 \frown \mathfrak{c}_1) \geqq \mathfrak{m} \geqq \mathfrak{a}_1$, daraus folgt $\mathfrak{a}_1 = \mathfrak{a}_2$. Nach Definition ist ferner $\mathfrak{m}$ durch jedes zu $\mathfrak{p}$ gehörige Primärideal, im besonderen auch durch $\mathfrak{q}_2$ teilbar. Es wird daher $\mathfrak{m} \cdot \mathfrak{c}_2 \geqq (\mathfrak{a}_2 \frown \mathfrak{q}_2) \cdot \mathfrak{c}_2 \geqq \mathfrak{a}_2 \frown \mathfrak{q}_2 \frown \mathfrak{c}_2 = \mathfrak{m} \cdot \mathfrak{p}$; $\mathfrak{m} \cdot (\mathfrak{c}_2 + \mathfrak{p}) = \mathfrak{m} \cdot \mathfrak{c}_2 + \mathfrak{m} \cdot \mathfrak{p} = \mathfrak{m} \cdot \mathfrak{p}$. In der letzteren Gleichung ist aber $\mathfrak{c}_2 + \mathfrak{p}$ zu $\mathfrak{p}$ prim. Wir können daher Satz 1 anwenden und erhalten $\mathfrak{m} = \mathfrak{n}$, wie behauptet.

Mit Hilfe des Begriffs des isolierten Komponentenideals kann man Satz 1 und Satz 2 auf bel. Ringe übertragen. Es ergibt sich:

Satz 3. *Zu gegebenem $\mathfrak{m}$ und $\mathfrak{a}$ gibt es dann und nur dann ein den Gleichungen $\mathfrak{m} \cdot \mathfrak{a} = \mathfrak{m} \cdot \mathfrak{b}$; $\mathfrak{a} : \mathfrak{b} = \mathfrak{a}$ genügendes $\mathfrak{b}$, wenn $\mathfrak{m}$ teilbar ist durch dasjenige isolierte Komponentenideal des Nullideals, zu dem alle und nur die Primideale des Nullideals gehören, die zu $\mathfrak{a}$ nicht prim sind.*

Satz 4. Das kleinste gemeinschaftliche Vielfache der symbolischen Potenzen von $\mathfrak{p}$ ist gleich demjenigen isolierten Komponentenideal des Nullideals, zu dem alle und nur die durch $\mathfrak{p}$ teilbaren Primideale von $\mathfrak{n}$ gehören.

Wir verzichten auf einen Beweis der Sätze 3 und 4, denn wir brauchen diese Sätze im folgenden nicht, und der Grundgedanke der betr. Beweise findet sich schon in den Beweisen von Satz 1 und Satz 2, auch kann Satz 3 leicht durch Kombination von Satz 1 und Hilfssatz b) von § 1 abgeleitet werden.

§ 3.
Hauptidealsatz und Primidealkettensatz in Integritätsbereichen.

Den Untersuchungen von § 3 liegt ein Integritätsbereich $\mathfrak{R}$ zugrunde.

Ein Primideal $\mathfrak{p} \neq \mathfrak{n}$ heißt „höchstes Primideal von $\mathfrak{R}$", wenn es in $\mathfrak{R}$ außer $\mathfrak{n}$ kein echtes Primidealvielfaches von $\mathfrak{p}$ gibt. $\mathfrak{p}$ ist dann und nur dann höchstes Primideal von $\mathfrak{R}$, wenn $\mathfrak{p} \cdot \mathfrak{R}_\mathfrak{p}$ höchstes Primideal von $\mathfrak{R}_\mathfrak{p}$ ist.

$\mathfrak{p}$ wird „höchstes Primideal von $\mathfrak{a}$" genannt, wenn $\mathfrak{a}$ durch $\mathfrak{p}$ teilbar ist, und wenn es kein echtes Primidealvielfaches von $\mathfrak{p}$ gibt, das gleichfalls Teiler von $\mathfrak{a}$ wäre.

$\mathfrak{a}$ besitzt stets mindestens ein, aber immer nur endlich viele höchste Primideale; eine Potenz des Produktes sämtlicher höchster Primideale von $\mathfrak{a}$ ist durch $\mathfrak{a}$ teilbar.[1]) Ist $\mathfrak{p}$ höchstes Primideal von $\mathfrak{a}$, so stellt $\mathfrak{a} \cdot \mathfrak{R}_\mathfrak{p}$ in $\mathfrak{R}_\mathfrak{p}$ ein zu $\mathfrak{p} \cdot \mathfrak{R}_\mathfrak{p}$ gehöriges Primärideal dar.

Hauptidealsatz. Jedes höchste Primideal eines Ideales $\mathfrak{h} \neq \mathfrak{n}$ ist höchstes Primideal von $\mathfrak{R}$.

Aus der Tatsache, daß gleichzeitig mit $\mathfrak{h}$ in $\mathfrak{R}$ auch $\mathfrak{h} \cdot \mathfrak{R}_\mathfrak{p}$ in $\mathfrak{R}_\mathfrak{p}$ Hauptideal ist, sowie aus den in § 1 über die Primideale in $\mathfrak{R}_\mathfrak{p}$ gemachten Bemerkungen ergibt sich, daß man beim Beweis $\mathfrak{R} = \mathfrak{R}_\mathfrak{p}$ voraussetzen darf, d. h. man hat nur zu zeigen: Ist jedes Ideal ($\neq \mathfrak{o}$) durch $\mathfrak{p}$ teilbar, und stellt ein gewisses Hauptideal $\mathfrak{h}$ ein zu $\mathfrak{p}$ gehöriges Primärideal dar, so ist $\mathfrak{p}$ höchstes Primideal von $\mathfrak{R}$.

Es sei $\mathfrak{p}'$ irgendein echtes Primidealvielfaches von $\mathfrak{p}$; dann bilden wir, um die Gleichung $\mathfrak{p}' = \mathfrak{n}$ zu beweisen, die symbolischen Potenzen von $\mathfrak{p}' : \mathfrak{p}'^{(1)} \leqq \mathfrak{p}'^{(2)} \leqq \mathfrak{p}'^{(3)} \leqq \ldots\ldots$. Da nach Hilfssatz e) von § 1 in $\mathfrak{R} / \mathfrak{h}$ jede Vielfachenkette im Endlichen abbricht, wird für ein

[1]) Vgl. K. § 2. Man sieht leicht, daß diejenigen Primideale aus der Schar S der zu $\mathfrak{a}$ gehörigen Primideale, zu denen es in S kein echtes Vielfaches gibt, gerade die sämtlichen höchsten Primideale von $\mathfrak{a}$ darstellen.

gewisses $r : \mathfrak{p}'^{(r)} + \mathfrak{h} = \mathfrak{p}'^{(r+1)} + \mathfrak{h}$, $\mathfrak{p}'^{(r)} \geqq \mathfrak{p}'^{(r+1)} + \mathfrak{h}$, und daraus folgt (nach dem Dedekindschen „Modulaxiom“)[1] $\mathfrak{p}'^{(r)} \geqq \mathfrak{p}'^{(r+1)} + \mathfrak{h} \frown \mathfrak{p}'^{(r)}$. Wegen der Hauptidealeigenschaft von $\mathfrak{h}$ gilt eine Gleichung $\mathfrak{p}'^{(r)} \frown \mathfrak{h} = \mathfrak{h} \cdot \bar{\mathfrak{h}}$ mit eindeutig bestimmtem $\bar{\mathfrak{h}}$, und es muß dabei $\bar{\mathfrak{h}} = \mathfrak{p}'^{(r)}$ sein, da ja $\mathfrak{h}$ als zu $\mathfrak{p}$ gehöriges Primärideal zu $\mathfrak{p}'^{(r)}$ prim ist.

Verstehen wir unter $(p_1, p_2, \ldots, p_s)$ eine endliche Basis von $\mathfrak{p}^{(r)}$, so erhalten wir aus $\mathfrak{p}'^{(r)} = \mathfrak{p}'^{(r+1)} + \mathfrak{h} \cdot \mathfrak{p}'^{(r)}$ ein Kongruenzensystem:

$$\sum_{\varkappa=1}^{s} (h_{i\varkappa} - \delta_{i\varkappa}) \cdot p_\varkappa \equiv 0 \quad (\mathfrak{p}'^{(r+1)}) \quad (i = 1, 2 \ldots s) \qquad (2)$$

bei dem die $h_{i\varkappa}$ Elemente aus $\mathfrak{h}$, also auch aus $\mathfrak{p}$ sind. Das System (2) liefert für die Determinante $r = |h_{i\varkappa} - \delta_{i\varkappa}|$ die Beziehungen $r \cdot p_\varkappa \equiv 0$ $(\mathfrak{p}'^{(r+1)})$ $(\varkappa = 1, 2 \ldots s)$; $(r) \cdot \mathfrak{p}'^{(r)} \geqq \mathfrak{p}'^{(r+1)}$ und daraus folgt $\mathfrak{p}'^{(r)} = \mathfrak{p}'^{(r+1)}$, weil (r) wegen $r \equiv \varepsilon$ $(\mathfrak{p})$ in $\mathfrak{R} = \mathfrak{R}\mathfrak{p}$ das Einheitsideal darstellt. Durch Anwendung von Satz 2 ergibt sich schließlich: $\mathfrak{p}'^{(r)} = \mathfrak{p}'^{(r+1)} = \ldots = \mathfrak{n}$, also $\mathfrak{p}' = \mathfrak{n}$, weil $\mathfrak{n}$ Primideal.

Unter einer mit $\mathfrak{p}$ beginnenden Primidealkette der Länge l verstehen wir eine Kette $\mathfrak{p} = \mathfrak{p}_0 < \mathfrak{p}_1 < \mathfrak{p}_2 < \ldots < \mathfrak{p}_{l-1} \neq \mathfrak{n}$.

Hilfssatz. *Gibt es eine mit $\mathfrak{p}$ beginnende Primidealkette $\mathfrak{p} = \mathfrak{p}_0 < \mathfrak{p}_1 < \ldots < \mathfrak{p}_{l-1}$ der Länge l, und ist $\mathfrak{p}$ durch die Primideale $\mathfrak{p}^{(1)}, \mathfrak{p}^{(2)}, \ldots, \mathfrak{p}^{(s)}$ nicht teilbar, so gibt es auch eine Kette $\mathfrak{p} < \mathfrak{p}_1^* < \ldots < \mathfrak{p}_{l-1}^*$, bei der kein $\mathfrak{p}_i^*$ durch eines der Ideale $\mathfrak{p}^{(\varkappa)}$ $(\varkappa = 1, 2 \ldots s)$ teilbar ist.*

a) Der Hilfssatz ist trivial für $l = 1$. Er gilt aber auch für $l = 2$; ist nämlich hier a ein (stets vorhandenes)[2] durch kein $\mathfrak{p}^{(\varkappa)}$ teilbares Element aus $\mathfrak{p}$, so kann nach dem Hauptidealsatz $\mathfrak{p}$ jedenfalls kein höchstes Primideal von (a) sein; andrerseits muß es mindestens ein höchstes Primideal $\mathfrak{p}_1^*$ von (a) geben, das durch $\mathfrak{p}$[3], aber — wegen der Auswahl von a — sicher durch kein $\mathfrak{p}^{(\varkappa)}$ teilbar ist.

---

[1]) Vgl. DEDEKIND: Über die durch drei Moduln erzeugte Dualgruppe. Math. Annal. 53 (1900) S. 371—403 § 6.

[2]) Ein Element a der gewünschten Art wird so erhalten: Es seien bei geeigneter Numerierung $\mathfrak{p}^{(i)}$ $(i = 1, 2 \ldots t \leqq s)$ diejenigen unter den $\mathfrak{p}^{(\varkappa)}$, die in der Gesamtschar der $\mathfrak{p}^{(\varkappa)}$ keinen echten Teiler besitzen. Setzen wir $\mathfrak{q}^{(i)} = \prod_{l \neq i} \mathfrak{p}^{(l)} \cdot \mathfrak{p}$ $(i, l = 1, 2 \ldots t)$, so ist $\mathfrak{q}^{(i)} \not\equiv 0$ $(\mathfrak{p}^{(i)})$, und es gibt daher ein durch $\mathfrak{q}^{(i)}$, aber nicht durch $\mathfrak{p}^{(i)}$ teilbares Element $a^{(i)}$. $a = \sum_{i=1}^{t} a^{(i)}$ ist dann durch $\mathfrak{p}$, aber durch keines der Ideale $\mathfrak{p}^{(i)}$ $(i = 1, 2 \ldots s)$ teilbar.

[3]) Man beachte, daß eine Potenz des Produktes der höchsten Primideale von (a) durch (a), also auch durch $\mathfrak{p}$ teilbar ist!

b) Wir nehmen die Gültigkeit des Hilfssatzes für $l \geqq 2$ an und zeigen seine Richtigkeit für $l + 1$. Ist in der gegebenen Kette $\mathfrak{p} < \mathfrak{p}_1 < \mathfrak{p}_2 < \ldots < \mathfrak{p}_l$ das Ideal $\mathfrak{p}_1$ durch kein $\mathfrak{p}^{(\varkappa)}$ teilbar, so folgt aus der für die Kette $\mathfrak{p}_1 < \mathfrak{p}_2 < \ldots < \mathfrak{p}_l$ zutreffenden Induktionsvoraussetzung die Existenz einer Kette $\mathfrak{p} < \mathfrak{p}_1^* = \mathfrak{p}_1 < \mathfrak{p}_2^* < \ldots . < \mathfrak{p}_l^*$ mit durch die $\mathfrak{p}^{(\varkappa)}$ unteilbaren $\mathfrak{p}_i^*$.

Ist aber $\mathfrak{p}_1$ durch eines der Ideale $\mathfrak{p}^{(\varkappa)}$ teilbar, so sei a ein in keinem $\mathfrak{p}^{(\varkappa)}$ vorkommendes Element aus $\mathfrak{p}$, $\mathfrak{p}_1^*$ sei ein (stets vorhandenes) durch $\mathfrak{p}$ teilbares höchstes Primideal von $(a) + \mathfrak{p}_2$. — $\mathfrak{p}_1^*$ ist zu sämtlichen $\mathfrak{p}_1^{(\varkappa)}$ prim und sicher von $\mathfrak{p}$ verschieden, denn es stellt $\mathfrak{p}_1^* / \mathfrak{p}_2$ als höchstes Primideal von $((a) + \mathfrak{p}_2) / \mathfrak{p}_2$ nach dem Hauptidealsatz ein höchstes Primideal von $\mathfrak{R} / \mathfrak{p}_2$ dar, was $\mathfrak{p} / \mathfrak{p}_2$ wegen $\mathfrak{p}_2/\mathfrak{p}_2 > \mathfrak{p}_1 / \mathfrak{p}_2 > \mathfrak{p} / \mathfrak{p}_2$ nicht ist. Durch Anwendung der Induktionsvoraussetzung auf die Kette $\mathfrak{p}_1^* < \mathfrak{p}_2 < \ldots . < \mathfrak{p}_l$ ergibt sich nun wieder die Existenz einer Kette $\mathfrak{p} < \mathfrak{p}_1^* < \mathfrak{p}_2^* < \ldots < \mathfrak{p}_l^*$ mit durch die $\mathfrak{p}^{(\varkappa)}$ unteilbaren $\mathfrak{p}_i^*$.

Primidealkettensatz. *Jede mit $\mathfrak{p}$ beginnende Primidealkette besitzt höchstens l Glieder, wenn $\mathfrak{p}$ höchstes Primideal eines Ideals $\mathfrak{a} = (a_1, a_2, \ldots . a_l)$ mit l-gliedriger Basis ist.*

Für $l = 1$ reduziert sich die Behauptung auf den bereits bewiesenen Hauptidealsatz. Wir nehmen ihre Richtigkeit für $l - 1 \geqq 1$ an, und weisen sie für l nach; dabei darf $\mathfrak{R} = \mathfrak{R}\mathfrak{p}$ vorausgesetzt werden, weil die mit $\mathfrak{p}$ beginnenden Primidealketten aus $\mathfrak{R}$ eindeutig umkehrbar den mit $\mathfrak{p} \cdot \mathfrak{R}\mathfrak{p}$ beginnenden Primidealketten aus $\mathfrak{R}\mathfrak{p}$ entsprechen.

Wir setzen $\mathfrak{b} = (a_1, a_2, \ldots . a_{l-1})$ und verstehen unter $\mathfrak{p}^{(1)}, \mathfrak{p}^{(2)}, \ldots . \mathfrak{p}^{(s)}$ die höchsten Primideale von $\mathfrak{b}$. Die $\mathfrak{p}^{(\varkappa)}$ sind sämtlich Vielfache von $\mathfrak{p}$, wir dürfen sie von $\mathfrak{p}$ verschieden annehmen, weil wir sonst von $\mathfrak{a}$ zu $\mathfrak{b}$ übergehen und die Induktionsvoraussetzung anwenden könnten. Zu keinem $\mathfrak{p}^{(\varkappa)}$ gibt es eine Primidealkette $\mathfrak{p} < \mathfrak{p}' < \mathfrak{p}^{(\varkappa)}$, denn in $\mathfrak{R} / \mathfrak{p}^{(\varkappa)}$ muß $\mathfrak{p} / \mathfrak{p}^{(\varkappa)}$ höchstes Primideal sein, weil dort das zu $\mathfrak{p} / \mathfrak{p}^{(\varkappa)}$ gehörige Primärideal $(\mathfrak{a} + \mathfrak{p}^{(\varkappa)}) / \mathfrak{p}^{(\varkappa)}$ ein Hauptideal mit der Basis (a_l) darstellt.

Es sei jetzt $\mathfrak{p} < \mathfrak{p}_1 < \mathfrak{p}_2 < \ldots < \mathfrak{p}_m$ eine mit $\mathfrak{p}$ beginnende Primidealkette, $\mathfrak{p} < \mathfrak{p}_1^* < \mathfrak{p}_2^* < \ldots < \mathfrak{p}_m^*$ eine nach dem Hilfssatz vorhandene Vergleichskette, bei der $\mathfrak{p}_m^*$ durch kein $\mathfrak{p}^{(\varkappa)}$ teilbar ist. In $\mathfrak{R} / \mathfrak{p}_m^*$ ist $(\mathfrak{b} + \mathfrak{p}_m^*) / \mathfrak{p}_m^*$ ein zu $\mathfrak{p} / \mathfrak{p}_m^*$ gehöriges Primärideal; stellt nämlich $\bar{\mathfrak{p}}$ irgendein höchstes Primideal von $(\mathfrak{p}_m^* + \mathfrak{b}) / \mathfrak{p}_m^*$ dar, und bezeichnet $\mathfrak{p}'$ dasjenige Primideal aus $\mathfrak{R}$, das aus allen den in den Klassen von $\bar{\mathfrak{p}}$ auftretenden Elementen besteht, so ist $\mathfrak{p}'$ sicher Teiler eines $\mathfrak{p}^{(\varkappa)}$ aber angesichts der Wahl von $\mathfrak{p}_m^*$ von sämtlichen $\mathfrak{p}^{(\varkappa)}$ verschieden, mithin nach dem oben Festgestellten gleich $\mathfrak{p}$. Wenden wir die

Induktionsvoraussetzung auf das Primideal $\mathfrak{p} / \mathfrak{p}_m^*$, auf die Kette $\mathfrak{p} / \mathfrak{p}_m^* < \mathfrak{p}_1^* / \mathfrak{p}_m^* < \ldots\ldots < \mathfrak{p}_{m-1}^* / \mathfrak{p}_m^*$ ($\neq \mathfrak{p}_m^* / \mathfrak{p}_m^*$!) und auf das zu $\mathfrak{p} / \mathfrak{p}_m^*$ gehörige Primärideal $(\mathfrak{b} + \mathfrak{p}_m^*) / \mathfrak{p}_m^*$ mit der $l-1$ gliedrigen Basis $(a_1, a_2, \ldots a_{l-1})$ an, so ergibt sich die zu beweisende Ungleichung $m \leqq l-1$, $m+1 \leqq l$.

Zusatz zum Primidealkettensatz. Der Primidealkettensatz gilt wörtlich auch für Ringe mit Nullteilern, sofern man nur festsetzt, daß nur solche Primidealvielfachenketten betrachtet werden sollen, bei denen das Endglied von den endlich vielen höchsten Primidealen des Nullideals verschieden ist.

In der Tat, es sei $\mathfrak{p}, \mathfrak{p}_1, \ldots\ldots, \mathfrak{p}_m$ irgendeine mit $\mathfrak{p}$ beginnende Primidealkette. Dann gibt es ein höchstes Primideal $\mathfrak{p}^*$ des Nullideals, das echtes Vielfaches von $\mathfrak{p}_m$ ist. Gehen wir nun vom Ringe $\mathfrak{R}$ zum Ringe $\mathfrak{R} / \mathfrak{p}^*$ über, so erhalten wir in $\mathfrak{p} / \mathfrak{p}^*, \mathfrak{p}_1 / \mathfrak{p}^*, \ldots\ldots, \mathfrak{p}_m / \mathfrak{p}^*$ eine Primidealkette aus $\mathfrak{R} / \mathfrak{p}^*$, und es stellt $\mathfrak{p} / \mathfrak{p}^*$ höchstes Primideal des Ideales $(\bar{a}_1, \bar{a}_2, \ldots, \bar{a}_l)$ dar, falls wir unter $\bar{a}_1, \bar{a}_2, \ldots, \bar{a}_l$ die durch die Elemente $a_1, a_2, \ldots, a_l$ bestimmten Restklassen aus $\mathfrak{R} / \mathfrak{p}^*$ verstehen. Wir können nunmehr auf die Kette $\mathfrak{p} / \mathfrak{p}^*, \mathfrak{p}_1 / \mathfrak{p}^*, \ldots\ldots, \mathfrak{p}_m / \mathfrak{p}^*$ den Primidealkettensatz für Integritätsbereiche anwenden und erhalten so unmittelbar die Richtigkeit des Zusatzes.

§ 4.
Eine Anwendung auf die Theorie der Polynomideale.

Der Ring $\mathfrak{P}$ aller Polynome in endlich viel Variabeln $x_1, \ldots x_n$ mit Koeffizienten aus einem algebraisch abgeschlossenen Körper $\mathfrak{K}$ genügt dem Teilerkettensatz, fällt also unter die in § 1 — § 3 behandelten Bereiche. In $\mathfrak{P}$ gelten, wie bereits in der Einleitung besprochen, viel weitergehende Primidealvielfachenkettensätze als sie in § 3 für allgemeine Ringe $\mathfrak{R}$ bewiesen werden konnten. Wir kommen hier auf diese Dinge nicht mehr zurück, dagegen müssen wir folgende für die weiteren Untersuchungen wesentliche Tatsache hervorheben:

Ein Primideal $\mathfrak{p}$ aus $\mathfrak{P}$ ohne (von $\mathfrak{o}$ verschiedenen) echten Teiler besitzt eine eindeutig bestimmte Basis von der speziellen Form $\mathfrak{p} = (x_1 - a_1, x_2 - a_2, \ldots\ldots x_n - a_n)$, wobei die a_i Elemente aus $\mathfrak{K}$ bedeuten, und umgekehrt ist jedes Ideal aus $\mathfrak{P}$ mit einer derartigen Basis Primideal ohne echten Teiler.[1])

[1]) Vgl. v. d. W. § 3. 10!

Unter einer „zum Primideal $\mathfrak{p} = (x_1 - a_1, \ldots . x_n - a_n)$ gehörigen Potenzreihe“ verstehen wir eine formale Potenzreihe in $x_1 - a_1, \ldots x_n - a_n$ mit Koeffizienten aus $\mathfrak{K}$. In einer Gleichung, in der gleichzeitig Polynome und zu $\mathfrak{p}$ gehörige Potenzreihen vorkommen, sind die Polynome als zu $\mathfrak{p}$ gehörige Potenzreihen aufzufassen, d. h. nach Potenzen von $x_1 - a_1, \ldots . x_n - a_n$ zu entwickeln. — Es soll nun gezeigt werden, daß mit Hilfe von Satz 2 von § 2 aufs einfachste bewiesen werden kann die

Lasker-Macaulaysche Verallgemeinerung des Noetherschen Fundamentalsatzes[1]):

Zu einem Polynomideal $\mathfrak{a} = (a_1(x), \ldots a_l(x))$ aus $\mathfrak{P}$ kann man endlich viel Primideale $\mathfrak{p}_1^*, \ldots . \mathfrak{p}_m^*$ ohne echten Teiler so bestimmen, daß ein bel. Polynom $a(x)$ sicher durch $\mathfrak{a}$ teilbar ist, wenn zu jedem $\mathfrak{p}_i^*$ je l zugehörige Potenzreihen $A_{i1}, \ldots . A_{il}$ existieren, die den folgenden formalen Potenzreihengleichungen genügen:

$$a(x) = A_{i1} \cdot a_1 + A_{i2} \cdot a_2 + \ldots . + A_{il} \cdot a_l \quad (i = 1, 2 \ldots . m) \quad (3)$$

Es seien $\mathfrak{p}_1, \ldots \mathfrak{p}_m$ diejenigen Primideale, die zu den bei einer Primäridealdarstellung $\mathfrak{a} = \mathfrak{q}_1 \frown \mathfrak{q}_2 \frown \ldots . \frown \mathfrak{q}_m$ von $\mathfrak{a}$ auftretenden Komponenten $\mathfrak{q}_\varkappa$ gehören. Unser Satz wird bewiesen sein, wenn wir zeigen können, daß aus der Gültigkeit der Gleichung (3) für den Index $\varkappa$ die Kongruenz $a \equiv 0 \; (\mathfrak{q}_\varkappa)$ folgt, falls wir nur für $\mathfrak{p}_\varkappa^*$ einen Primidealteiler von $\mathfrak{p}_\varkappa$ ohne von $\mathfrak{o}$ verschiedenen echten Teiler wählen. (Die Existenz eines $\mathfrak{p}_\varkappa^*$ der gewünschten Art folgt unmittelbar aus dem Teilerkettensatz).

Gilt nun die Gleichung $a = \sum_{s=1}^{l} a_s \cdot A_{\varkappa s}$ und bedeutet r eine bel. ganze positive Zahl, so können wir die Polynome $q_{\varkappa s}^{(r)}$ aus $\mathfrak{P}$ so bestimmen, daß die Potenzreihen $A_{\varkappa s} - q_{\varkappa s}^{(r)}$ $(s = 1 \ldots . l)$ sämtlich nur Glieder mindestens r^{ter} Dimension in $x_1 - a_{\varkappa 1}, \ldots x_n - a_{\varkappa n}$ enthalten ($\mathfrak{p}_\varkappa^* = (x_1 - a_{\varkappa 1}, \ldots . x_n - a_{\varkappa n})$ vorausgesetzt!), und es wird dann: $a = \sum_s q_{\varkappa s}^{(r)} a_s + \sum_s (A_{\varkappa s} - q_{\varkappa s}^{(r)}) \cdot a_s = q_r + r_r$, wobei q_r ein durch $\mathfrak{a}$, also erst recht durch $\mathfrak{q}_\varkappa$, r_r ein durch $(\mathfrak{p}_\varkappa^*)^r$ teilbares Polynom bedeutet. Die Gleichung $a = \sum_s a_s \cdot A_{\varkappa s}$ zieht also die Kongruenzen $a \equiv 0 \; (\mathfrak{q}_\varkappa + (\mathfrak{p}_\varkappa^*)^r)$ $(r = 1, 2 \ldots .)$ nach sich, und durch Übergang von $\mathfrak{P}$ zu $\mathfrak{P} / \mathfrak{q}_\varkappa$ erhalten wir $\bar{a} \equiv \bar{0} \; (((\mathfrak{p}_\varkappa^*)^r + \mathfrak{q}_\varkappa) / \mathfrak{q}_\varkappa)$[2]) $(r = 1, 2 \ldots .)$.

---

[1]) Vgl. Anm. 3 von Seite 4!

[2]) $\bar{a}$ bzw. $\bar{0}$ sollen die durch a bzw. 0 bestimmten Restklassen aus $\mathfrak{P}/\mathfrak{q}_\varkappa$ bedeuten.

Machen wir jetzt von der bisher nicht benutzten Vor. $\mathfrak{p}_\varkappa \geqq \mathfrak{p}_\varkappa^*$ Gebrauch, so können wir folgendermaßen weiterschließen: $\mathfrak{p}_\varkappa^* / \mathfrak{q}_\varkappa$ ist ein Primideal aus $\mathfrak{P} / \mathfrak{q}_\varkappa$ ohne echten Teiler, mithin sind die Ideale $((\mathfrak{p}_\varkappa^*)^r + \mathfrak{q}_\varkappa) / \mathfrak{q}_\varkappa$ die symbolischen Potenzen von $\mathfrak{p}_\varkappa^* / \mathfrak{q}_\varkappa$[1]) und ihr kleinstes gemeinschaftliches Vielfaches ist nach Satz 2 von § 2 in dem primären Ring $\mathfrak{P} / \mathfrak{q}_\varkappa$ gleich dem Nullideal. Wir haben also $\bar{a} \equiv \bar{0}$ $((\bar{0}))$ in $\mathfrak{P} / \mathfrak{q}_\varkappa$, d. h. $a \equiv 0$ $(\mathfrak{q}_\varkappa)$ in $\mathfrak{P}$.

Das Lasker-Macaulaysche Theorem ist durch diese letzten Schlüsse vollständig bewiesen, und es hat gleichzeitig der Beweis gezeigt, nach welchem Grundsatz man die in der Behauptung auftretenden Primideale $\mathfrak{p}_\varkappa^*$ zu wählen hat.

---

[1]) Denn es muß ja $((\mathfrak{p}_\varkappa^*)^r + \mathfrak{q}_\varkappa) / \mathfrak{q}_\varkappa$ ein zu $(\mathfrak{p}_\varkappa^* + \mathfrak{q}_\varkappa) / \mathfrak{q}_\varkappa$ gehöriges Primärideal darstellen. Man beachte, daß die durch die Potenzprodukte r^{ter} Dimension in $x_1 - a_{\varkappa 1}, \ldots . x_n - a_{\varkappa n}$ bestimmten Restklassen nach $\mathfrak{q}_k$ eine Basis von $((\mathfrak{p}_\varkappa^*)^r + \mathfrak{q}_\varkappa) / \mathfrak{q}_\varkappa$ bilden!

Abteilung B. Biologische Wissenschaften.

Jahrgang 1923.

1. Kossel, A. und R. E. Gross. Über die Darstellung und quantitative Bestimmung des Arginins. Reichsmark 0·30

Von Jahrgang 1925 ab findet die Trennung in Abteilung A und B nicht mehr statt.

Jahrgang 1925.

1. Heffter, Lothar. Zur absoluten Geometrie II. Reichsmark 0·50
2. Roeser, Ernst. Die komplementären Figuren der nichteuklidischen Ebene. Reichsmark 0·50
3. Fladt, Kuno. Neuer Beweis f. d. Zuordnung von rechtwinkligem Dreieck und Spitzeck in der hyperbolischen Elementargeometrie. Reichsmark 0·30
4. Salomon, Wilhelm. Beobachtungen über Harnische. Reichsmark 0·70
5. Loewy, A. Beiträge zur Algebra. 1–4. Reichsmark 1·—
6. Hellpach, Willy. 2. Mitteilung zur Physiognomik der deutschen Volksstämme. Reichsmark 0·30
7. Loewy, Alfred. Neue elementare Begründung u. Erweiterung der Galois'schen Theorie. Reichsmark 2·—
8. Curtius, Theodor u. Bertho, Alfred. Einwirkung von Stickstoffkohlenoxyd und von Stickstoffwasserstoffsäure unter Druck auf aromatische Kohlenwasserstoffe. Reichsmark 0·40
9. Roeser, Ernst. Die gnomonische Projektion in der hyperbolischen Geometrie. Reichsmark 0·70
10. Rasch, G. Über die Ausnützung der Gezeiten des Meeres zur Energiegewinnung. Reichsmark 0·80
11. Salomon, Wilhelm. Magmatische Hebungen. Reichsmark 1·20
12. Pütter, A. Altersbestimmungen an Drachenbäumen von Tenerife. Reichsmark 0·90
13. Volk, Otto. Über geodätische rhombische Kurvennetze auf krummen Flächen, insbesondere auf Flächen konstanter Krümmung. Reichsmark 1·10
14. Roeser, Ernst. Die Fundamentalkonstruktion der hyperbolischen Geometrie. Reichsmark 1·40
15. Rüger, L. u. Rüger-Haas, P. Palaeosemaeostoma geryonides v. Huene sp. eine sessile Meduse aus dem Dogger von Wehingen i. W. und Medusina liasica nov. sp., eine coronatenähnliche Meduse aus dem mittleren Lias von Hechingen i. Württemberg Reichsmark 1·50

Jahrgang 1926.

1. Krull, Wolfgang. Theorie und Anwendung der verallgemeinerten Abelschen Gruppen. Reichsmark 1·70
2. Klebs, Georg. Über periodisch wachsende tropische Baumarten. Reichsmark 1·20
3. Müller, Max. Über die Oberfläche von Flächenstücken. Reichsmark 1·20
4. Ernst, Max. Über Anlagen von Organen, die nicht zur Ausbildung gelangen. Reichsmark 0·50
5. Ernst, Emil. Die optischen Eigenschaften des Andesins von Bodenmais Reichsmark 1·10
6. Liepmann, Wilhelm. Leichengeburt bei Ichthyosauriern. Reichsmark 0·90
7. Klebs, Georg. Über die Längenperiode der Internodien. Reichsmark 2·40
8. Jost, L. u. v. Ubisch, G. Zur Windefrage. Reichsmark 0·80
9. Salomon, Wilhelm. Gibt es Gesteine, die für bestimmte Erdperioden charakteristisch sind? Reichsmark 0·30
10. Roeser, Ernst. Der reelle Übergang zwischen den beiden nichteuklidischen Geometrien und ihrem Parallelenbegriff. Reichsmark 1·20
11. Salomon, Wilhelm. Kugelförmige Absonderung. Reichsmark 0·80
12. Salomon, Felsenmeere und Blockstreuungen. Reichsmark 0·80
13. Salomon, Die Gruppendefinitionen in der Paläontologie. Reichsmark 0·90

Jahrgang 1927.

1. Loewy, Alfred. Neue elementare Begründung und Erweiterung der Galoisschen Theorie. Reichsmark 1·60
2. Liebmann, Heinrich. Rhombische Geradennetze im Raum. Reichsmark 1·—
3. Volk, Otto. Über geodätische Dreiecknetze auf Flächen konstanten Krümmungsmaßes. Reichsmark 1·80
4. Pütter. A. Chemische Reizwirkung und Giftwirkung. Mit einem mathematischen Anhang: Ein Diffussionsproblem von E. Trefftz. Reichsmark 2·40
5. Rembs, Eduard. Die Verbiegung des verlängerten Rotationsellipsoids. Reichsmark 1·60
6. Mayer, Adolf. Naturwissenschaftliche Ästhetik. Reichsmark 0·90
7. Mayer, Adolf. Naturwissenschaftliche Volkswirtschaftslehre. Reichsm. 0·80
8. Baer, R., Kapferer, H., Krull, W., Schmidt, F. K. Beiträge zur Algebra. Nr. 5—10. Reichsmark 6·20
9. Müller, Max. Über die Eindeutigkeit der Intregale eines Systems gewöhnlicher Differentialgleichungen und die Konvergenz einer Gattung von Verfahren zur Approximation dieser Integrale. Reichsmark 2·50
10. Freudenberg, Karl. Intramolekulare Umlagerung optisch-aktiver Systeme. Reichsmark 1·—
11. Roeser, Ernst. Abbildung der hyperbolischen Ebene auf die Kugel mittels der Beziehung zwischen Lot und Parallelwinkel. Reichsmark 1·—
12. Rüger, L. Die direkte gebirgsgetreue Übertragung der auf dem Universaldrehtisch gewonnenen Messungsergebnisse gebirgsorientierter Schliffe in das Diagramm. Reichsmark 1·20
13. Jost, L. Elektrische Potentialdifferenzen an der Einzelzelle. Reichsmark 1·90

Jahrgang 1928.

1. Rüger, L. Einige Bemerkungen zur Darstellung tektonischer Elemente, insbesonders von Klüften und Harnischen. Reichsmark 1·20
2. Herbst, Curt. Untersuchungen zur Bestimmung des Geschlechts. Ein neuer Weg zur Lösung des Geschlechtsbestimmungsproblems bei Bonellia viridis. Reichsmark 1·50
3. Merton, Hugo. Untersuchungen über die Entstehung amöbenähnlicher Zellen aus absterbenden Infusorien. Reichsmark 2·20
4. Baer, Reinhold. Zur Einordnung der Theorie der Mischgruppen in die Gruppentheorie. Reichsmark 2·20
5. Baer, Reinhold. Über die Zerlegungen einer Mischgruppe nach einer Untermischgruppe. Reichsmark 1·50
6. Roeser, Ernst. Komplementäre Körper der beiden nichteuklidischen Geometrien. Reichsmark 1·—
7. Krull, Wolfgang. Primidealketten in allgemeinen Ringbereichen. Reichsmark 1·10

Abhandlungen
der Heidelberger Akademie der Wissenschaften

Mathematisch-naturwissenschaftliche Klasse

Abteilung A

12. Mohr, Ernst. Über den Zusammenhang zwischen der Struktur und den morphologischen Merkmalen des Diamanten. 1924. Reichsmark 3·50
13. Reinmuth, Karl. Die Herschel-Nebel, nach Aufnahmen der Königstuhlsternwarte. 1926. Reichsmark 20·—
14. Salomon Wilhelm. Die Erbohrung der Heidelberger Radium-Sol-Therme und ihre geologischen Verhältnisse. 1927. Reichsmark 8·—

Druck: Hermann Böhlaus Nachfolger Hof-Buchdruckerei G. m. b. H. Weimar.

FSC
www.fsc.org
MIX
Papier | Fördert gute Waldnutzung
FSC® C083411

Zeitfracht Medien GmbH
Ferdinand-Jühlke-Straße 7
99095 Erfurt, Deutschland
produktsicherheit@kolibri360.de